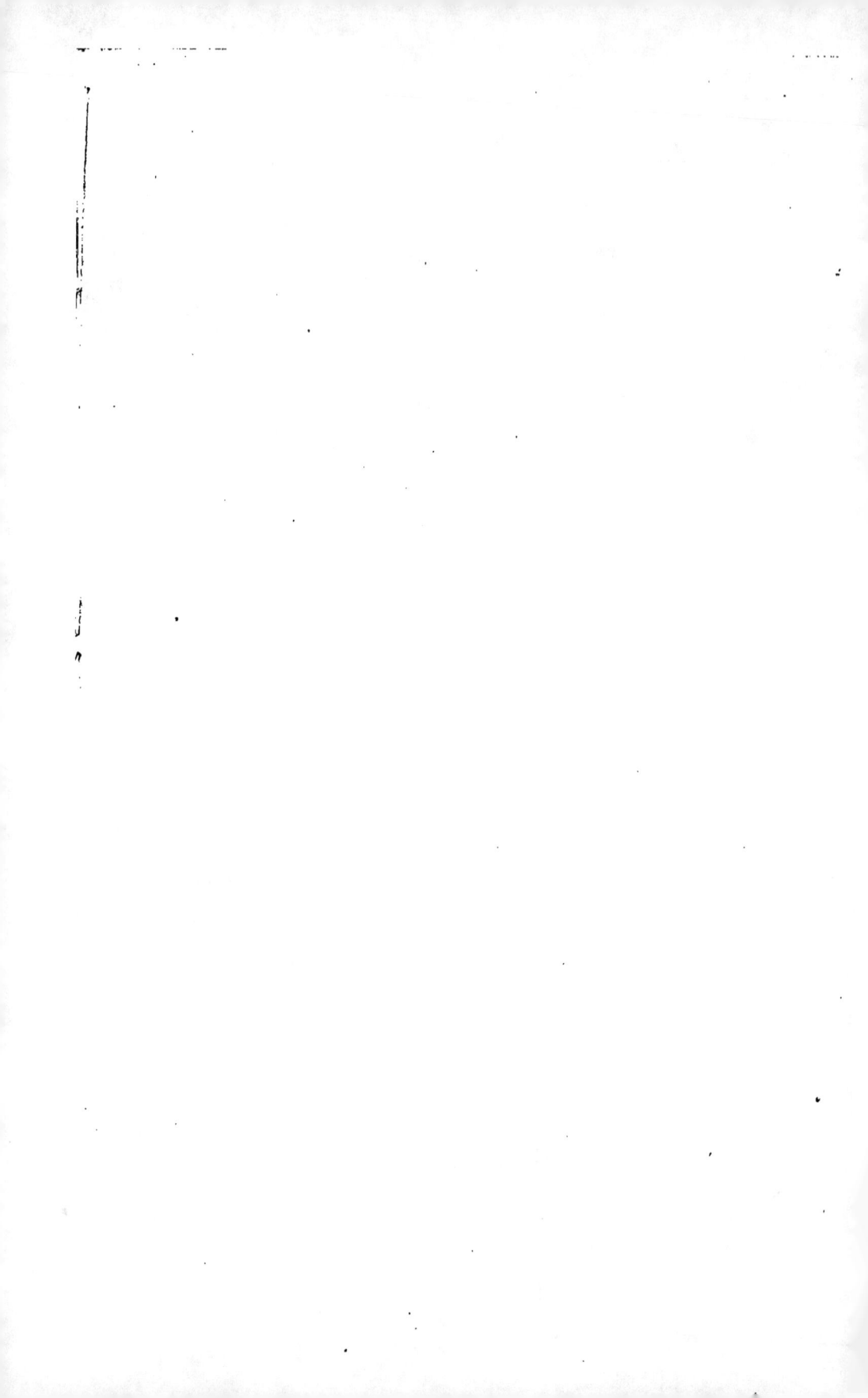

LETTRE

SUR L'EMPLOI

DES EAUX THERMALES SULFUREUSES

DE CAUTERETS

———

L'immense et importante question des eaux thermales n'est encore que très imparfaitement étudiée en France. Peu de médecins s'en sont sérieusement occupés jusqu'ici : c'est pour cela que la science de l'hydrothérapie minérale est pour ainsi dire à créer; elle le serait bien vite et serait appelée à rendre d'immenses services à l'humanité, si tous les médecins attachés, pendant la saison des eaux, aux divers thermes de la France, voulaient se donner la peine de publier régulièrement tous les faits qu'ils sont à même de recueillir chaque année.

Ce concours actif et simultané d'hommes instruits, et dont quelques-uns ont des positions officielles, suffirait pour fonder une science dont les Bordeu, dans le siècle dernier, ont posé les bases.

Je me suis souvent demandé pourquoi l'hydrothérapeutique minérale n'avait pas suivi la marche progressive des autres branches des sciences médicales, depuis surtout : 1º que les puissants moyens de curation qu'elle possède ont été mis par les constructions immenses, entreprises partout pour les utiliser, à la disposition de toutes les classes de la société; 2º depuis que les découvertes des XVIIe et XVIIIe siècles, imprimant aux sciences médicales une marche rapide vers un perfectionnement réel, ont permis à beaucoup d'hommes de génie de reprendre les doctrines vitalistes des écoles asclépiadéennes si bien représentées à la fin du siècle dernier par Barthez, de remettre en lumière les immenses ser-

vices qu'elles ont rendus à l'humanité durant une longue
suite de siècles, et d'indiquer ceux qu'elles sont appelées
à lui rendre encore, avec les méthodes admirables de
traitement qu'elles possèdent; 3º depuis que Bichat, d'un
autre côté, recueillant les travaux de Morgagni sur les
altérations organiques rapprochées des symptômes des
maladies, ceux de Albert de Haller qui, vers le milieu
du siècle dernier, ont élevé à la science de l'homme un
monument presque impérissable, en faisant de la phy-
siologie une science réelle, ceux de Hunter, de Théophile de Bordeu et de tant d'autres savants éminents,
put arriver à décomposer le corps humain en tissus
élémentaires, présentant dans toutes les parties où on les
trouve les mêmes propriétés, et à jeter ainsi les bases
d'une école puissante qui, aujourd'hui, à cause de ses
travaux immenses et de l'habileté des hommes qui la re-
présentent, est arrivée à un grand degré de prospérité.

L'étude qu'elle a faite de l'organisation intime de toutes
les parties constituant le corps (fluides et solides) : les
rapports de vie qu'elle a trouvés entre les uns et les
autres; les élaborations et les transformations successives qu'elle a vu s'opérer sous l'action d'organes admira-
blement adaptés aux divers usages auxquels ils sont
destinés ; les liaisons qu'elle a trouvé exister entre les
divers règnes de la nature, qu'elle a parfaitement cons-
tatées et su si bien utiliser dans l'intérêt de l'espèce
humaine, auraient dû, ce me semble, la porter encore
plus que l'école vitaliste à s'occuper d'un agent puissant
de guérison, répandu avec profusion dans bien des
lieux, pouvant être introduit facilement dans l'économie
sous ses deux formes, liquide et gazeuse, produire
rapidement, dans les humeurs surtout, des changements
faciles à constater, et suffisants pour les ramener à
leurs proportions normales, et faire cesser ainsi des
affections de longue durée, et qui jusqu'alors avaient
été réfractaires à tous les moyens ordinaires de la médecine.

Je ne sais pourquoi l'une et l'autre écoles se sont si
peu occupées d'hydrothérapeutique minérale. Le vaste
champ qu'elle aurait ouvert à leur observation, les

moyens nombreux qu'elle leur aurait offerts tous les jours de faire l'application de leurs principes, de vérifier l'importance de leurs divisions doctrinales, la valeur de toutes leurs formules, auraient dû les déterminer depuis longtemps à ne pas négliger cette science, qui est appelée à jouer un rôle très important dans le traitement des maladies chroniques, dont la multiplicité et la gravité sont toujours en raison directe des progrès de la civilisation. Et ne sommes-nous pas déjà arrivés à ce degré de civilisation qui doit faire penser que le nombre des maladies chroniques, déjà si grand, augmentera de jour en jour. L'histoire des peuples de l'antiquité est là pour confirmer mes propositions. L'homme des temps modernes diffère-t-il de celui des temps anciens? Comparez les nations les plus civilisées de l'ancien monde avec celles du nouveau les plus policées, et voyez, à part quelques légères différences dans les mœurs, les usages, les institutions, etc., etc., si elles ne se ressemblent pas parfaitement sous tous les rapports; voyez encore s'il n'est pas possible de dire par avance quelles seront les infirmités qui affligeront les peuples modernes, au fur et à mesure de l'augmentation de tous les besoins qu'un luxe effréné, toujours croissant, fera naître dans toutes les classes de la société.

Les établissements thermaux sont, chaque année, le rendez-vous de toutes sortes de malades, de ceux surtout dont la constitution est travaillée par des affections à marche lente ayant déjoué tous les calculs, les efforts des médecins les plus habiles, et qui, le plus souvent, trouvent une solution prompte et facile au milieu d'éléments nouveaux, et sous l'action de cette eau bienfaisante que l'art est impuissant à reproduire, et que la nature seule peut fournir à l'homme avec son calorique, ses principes gazeux, et tous les principes fixes que l'analyse chimique reproduit plus ou moins facilement, et qui sont unis et mêlés pour former un tout indivis, agissant sur l'organisme suivant des lois que j'essaierai de faire connaître au fur et à mesure que je m'occuperai des diverses maladies curables par ce moyen.

L'étude de l'hydropathie, bien comprise, et faite avec

soin, est appelée à jeter un grand jour sur la nature de beaucoup d'affections mal appréciées jusqu'ici, et à infirmer bien des croyances accréditées sur la possibilité de guérir par les moyens qu'elle possède, des maladies que l'on doit déclarer incurables parvenues à une certaine période, et qui ont toujours alors une terminaison funeste et très rapide dans les établissements thermaux sulfureux.

L'étude des maladies dans ces établissements apprend au médecin à les classer quelquefois suivant d'autres vues et d'autres principes que ceux qu'il avait suivis dans sa pratique ordinaire, et à rectifier bien des opinions accréditées par beaucoup de médecins étrangers, en quelque sorte, à la science de l'hydrothérapie minérale, science que je voudrais voir populariser en France, dans l'intérêt d'un grand nombre de personnes atteintes d'affections de diverses natures dont elles pourraient se débarrasser facilement, et qu'elles garderont d'une manière indéfinie sans son secours, enlevant ainsi à leurs travaux des chefs de famille, des industriels, des savants, etc., alors qu'il serait possible, très souvent, dans le cours d'une saison thermale, de ramener à l'état normal des santés fortement ébranlées, et de rendre promptement à toutes leurs occupations des hommes d'une grande utilité.

« Vous êtes bien coupables, me disait un jour un praticien éminent, vous, médecins qui vous occupez chaque année d'hydrothérapeutique minérale, de laisser le corps médical dans une ignorance complète de tous les faits qui pourraient faire, dans peu de temps, de cette science, une science pratique fort importante. Rappelez-vous l'état dans lequel je me trouvais, lorsque je suis venu demander à vos sources bienfaisantes le rétablissement d'une santé bien délabrée ; 40 jours ont suffi pour rendre à mes membres endoloris toute leur force et leur souplesse ; et je suis resté 10 ans avec mes douleurs, les portant partout comme une lourde chaîne rivée à mon corps. Oh ! vous êtes bien coupables, d'enfouir dans votre mémoire des faits précieux qui pourraient profiter à tant de malheureux, traînant péniblement leur vie. »

Ces vives réclamations faites par un médecin qui avait pu apprécier sur lui-même l'énergique action des eaux thermales sulfureuses, et d'autres demandes adressées par des hommes haut placés dans le monde, me décidèrent à m'occuper sérieusement d'hydrothérapie minérale en 1851, lorsque l'annonce d'un concours pour une chaire de clinique médicale, laissée vacante à la Faculté de médecine de Montpellier par la mort du professeur qui l'occupait, me détermina à me rendre dans cette ville pour soutenir les épreuves d'un long concours et à renvoyer à une autre époque le projet que j'avais conçu dans le mois de juillet 1851, et que j'annonçai à tous les médecins des thermes de la chaîne des Pyrénées, par une lettre à la date du 15 du même mois, et que je transcris ici en entier :

Monsieur et honoré confrère,

« L'hydrothérapeutique minérale, si féconde aujourd'hui en résultats pratiques, et cependant si peu connue des praticiens éloignés des lieux où elle est employée sur une vaste échelle, devrait être actuellement un sujet d'études sérieuses, et l'objet de publications hebdomadaires durant la saison des eaux.

« Cette science, dont l'importance est bien comprise par quelques médecins fixés dans les divers établissements thermaux des Pyrénées, devrait être popularisée par eux.

« Elle serait appelée à rendre d'immenses services, si elle formait un corps de doctrine ayant des principes certains, des préceptes sûrs ; si, comme toutes les autres parties des sciences médicales, elle pouvait être enseignée par des praticiens habiles dans les thermes les plus importants, à l'élite des élèves des facultés de médecine, aux jeunes médecins désirant compléter leur éducation par l'étude approfondie d'un agent de curation puissant dans le traitement de beaucoup de maladies chroniques, réfractaires aux moyens thérapeutiques ordinaires.

« Si la notion des cas où les eaux minérales conviennent, et des cas où elles ne conviennent pas existe dans l'esprit d'hommes qui n'ont pas eu, jusqu'ici, la volonté de la transmettre aux médecins intéressés à la posséder, il faut, par des études persévérantes, des efforts multipliés, arriver à cette notion, et détruire ainsi cette volonté si funeste aux intérêts bien entendus de l'humanité.

« Pour atteindre ce but, il faut que les médecins instruits, convenablement placés dans les établissements thermaux, et voulant concourir activement à la création de l'hydrothérapie minérale, ne perdent jamais de vue ce qui doit être le sujet de toutes leurs préoccupations.

« N'est-ce pas, d'ailleurs, un devoir pour tout médecin comprenant bien la sainteté de sa mission d'agrandir, par tous les moyens en son pouvoir, le cercle des connaissances se rattachant d'une manière toute particulière à la science de l'homme?

« Depuis la mort d'Antoine, de François et de Théophile de Bordeu, qui s'étaient si longtemps et si utilement occupés de l'emploi des eaux sulfureuses des Pyrénées dans la curation d'un grand nombre d'affections chroniques, personne, peut-on dire, n'a songé à poursuivre l'œuvre si habilement commencée par ces hommes de génie.

« La chaîne de l'observation et du temps est, comme vous le voyez, interrompue depuis cette époque. Il s'agit maintenant de la renouer, en publiant régulièrement tous les faits importants que vous pourrez recueillir; vous travaillerez ainsi à l'élévation d'un monument qui, au sein de l'humanité, abritera le pauvre comme le riche, et où s'éteindront un grand nombre de souffrances, après avoir fait de la vie un lourd, un terrible fardeau.

« Pour atteindre rapidement ce but si grand, il ne faut pas d'efforts isolés : il faut, au contraire, le concours de tous les hommes sincèrement attachés aux institutions humanitaires.

« La voie la plus sûre et la plus prompte de réaliser le projet dont je vous entretiens serait, je crois, la création d'un journal qui, sous le titre de *Médico-*

Thermal, reprendrait l'œuvre des Bordeu et la poursuivrait avec persévérance.

« Ce journal, monsieur et honoré confrère, devrait être envoyé gratuitement à tous les corps savants de France s'occupant des diverses branches des sciences médicales, déposé dans les bibliothèques publiques et dans les grands hôpitaux, où tous les médecins pourraient le lire.

« Son impression obligerait chaque praticien qui voudrait concourir à sa rédaction, à s'imposer un petit sacrifice d'argent qui suffirait pour mener à une bonne fin une œuvre d'une grande utilité publique.

« J'estime, vu le grand nombre de médecins qui, dans les quatre départements de la chaîne des Pyrénées, s'occupent d'hydrothérapeutique minérale, que la publication du journal Médico-Thermal, pendant les quatre mois de la saison des eaux, ne coûterait pas au-delà de 50 fr. à chacun d'eux.

« Cette faible cotisation produirait promptement de grands résultats. L'immense lacune qui existe dans la science de l'hydrothérapie serait bien vite comblée ; et cette science, encore à l'état de problème pour beaucoup d'esprits sérieux, sortirait, grande de vérités, de tous les travaux entrepris à la fois par un grand nombre de praticiens.

« J'ose croire, monsieur et honoré confrère, que vous apprécierez le sentiment qui me fait agir, et que vous ne verrez dans l'initiative que je prends, que le désir ardent que j'ai de voir tous les médecins des établissements thermaux des Pyrénées travailler activement à l'édification d'une œuvre de haute humanité.

« Veuillez avoir la bonté, monsieur et honoré confrère, de m'écrire aussitôt que vous aurez reçu ma circulaire, et faites-moi connaître sincèrement vos vues sur le projet dont j'ai l'honneur de vous parler.

« Daignez, monsieur et honoré confrère, agréer l'assurance de la considération distinguée avec laquelle j'ai l'honneur d'être

« *Votre très humble et très dévoué serviteur,*

« **P.-R. DOZOUS**, Docteur en médecine,

« *Rue de la Raillère, maison Bordenave,*

« Cauterets, le 15 juillet 1851. »

Cette lettre prouve : 1º que je comprenais toute l'importance du moyen de guérison que nos belles contrées offrent dans beaucoup de lieux à l'homme souffrant ; 2º et que je souhaitais ardemment que l'œuvre si bien commencée par les Bordeu fût poursuivie avec succès, et, en même temps, par tous les praticiens auxquels je m'adressais, afin que la science de l'hydrothérapie minérale s'élevât, en peu de temps, grâce à leurs travaux, à la hauteur des autres branches des sciences médicales, et rendît ainsi à l'humanité les services qu'elle est en droit de lui demander.

Ce projet, j'ose le croire, sera repris plus tard, lorsque les médecins des établissements thermaux de la chaîne des Pyrénées verront, après quelques essais de la nature de celui que je vais tenter, qu'ils ne sauraient, sans encourir le blâme public, laisser dans l'oubli des faits importants et nombreux, qu'ils devraient s'empresser de publier.

La question des eaux thermales commence à exciter aujourd'hui non seulement l'attention du monde médical, mais celle de toutes les classes de la société.

Les thermes les plus importants de la chaîne des Pyrénées sont fréquentés, pendant la saison des eaux, par une nombreuse population, en général fort riche, et que l'on peut diviser en trois catégories, composées de gens non malades, de demi-malades et de personnes l'étant beaucoup.

La réunion de ces trois sortes de baigneurs offre de grands avantages pour les localités thermales, et de moins grands pour les baigneurs de la deuxième catégorie, qui ne savent pas toujours s'isoler assez de ceux de la première qui mènent communément vie joyeuse, au milieu de toutes les facilités d'un mouvement extraordinaire que tout favorise.

Les médecins appelés à diriger les malades de cette catégorie, doivent leur faire comprendre la nécessité d'éviter les dangers d'une vie trop agitée, et de se soumettre d'une manière absolue aux prescriptions des gens de l'art, s'ils veulent se délivrer d'affections qui leur font rechercher les grands thermes des Pyrénées.

Les eaux sulfureuses contenant beaucoup de principes minéralisateurs et de calorique, constituent un agent thérapeutique actif, produisant rapidement, dans bien des circonstances, des changements profonds dans l'économie, qui exigent que son emploi en soit sagement fait.

Le praticien a donc besoin d'en surveiller l'usage, surtout lorsqu'il se propose d'en saturer promptement l'organisme, afin de produire des modifications générales, de rapides perturbations, pouvant facilement produire des accidents, qu'il lui sera toujours très facile d'éloigner ou de rendre supportables.

Il n'est aucun médecin exerçant sa profession dans un établissement thermal important, qui n'ait été témoin de quelque catastrophe survenue à la suite de l'emploi intempestif de l'eau de quelques sources très actives, et que les baigneurs auraient certainement évitées, s'ils avaient eu toujours la prévoyance de demander conseil sur les précautions à prendre pour en faire un bon usage.

J'aurai l'occasion, dans le cours de mes lettres, de citer quelques faits qui prouveront aussi que les personnes bien portantes qui se rendent dans des thermes fréquentés, pour leur plaisir ou pour accompagner des individus malades, ne sauraient, sans danger pour elles, se baigner tous les jours sans prendre les précautions usitées en pareille circonstance : le médecin seul peut les indiquer.

L'hydrothérapeutique minérale exigerait aussi, pour avoir le plus grand degré d'utilité possible, qu'il s'établît des rapports entre les médecins attachés aux établissements thermaux et ceux qui ont traité les malades avant leur arrivée dans ces établissements. Un historique détaillé des maladies à soigner au moyen de l'eau thermale, servirait à en diriger beaucoup mieux le traitement.

Des rapports de cette espèce suffiraient pour activer le zèle des médecins des thermes, et les déterminer à publier régulièrement, tous les ans, les faits complets qu'ils pourraient recueillir.

Les résultats satisfaisants qu'on obtiendrait nécessairement de cette manière de procéder, augmenteraient rapidement la prospérité de nos établissements thermaux, en y attirant chaque année un plus grand nombre de baigneurs, dont les chances de guérison seraient plus certaines.

Les travaux de toute espèce, entrepris et exécutés depuis plus de trente ans, dans nos grandes localités thermales, pour procurer aux étrangers tout le bien-être et le confortable en rapport avec les exigences de la civilisation moderne, témoignent hautement de leur importance toujours croissante, de l'intelligence de leurs habitants, et de leur empressement à ne rien négliger de ce qui peut profiter aux nombreux malades accourant de toutes les parties du monde connu, pour demander à leurs eaux bienfaisantes une santé qu'ils ont perdue au milieu de tous les labeurs, de toutes les agitations des grandes cités, et dans ce mouvement incessant des intérêts sociaux, qui semble pousser activement et invinciblement toutes les classes de la société à rechercher toutes sortes de jouissances matérielles, traînant à leur suite cette foule d'infirmités dont je déroulerai le tableau dans mes lettres, et qui font souvent regretter que cette civilisation, qui produit tant de merveilles, imprime à la vie de l'homme une marche trop rapide, et l'expose à trop de maux à la fois.

Je désire sincèrement que les efforts que je vais tenter, pour fournir à la science de l'hydropathie minérale quelques données, peut-être nouvelles, soient accueillis avec bienveillance par le corps médical, intéressé à voir tous les jours s'agrandir le domaine de la médecine pratique ; j'ose espérer que cette science qu'il serait si facile à tant d'esprits d'élite de cultiver avec succès, sera un jour mise par eux à la hauteur des autres branches des sciences médicales, lorsque de nombreux matériaux entassés à pied-d'œuvre, permettront d'élever un monument durable et digne des temps actuels, si remarquables par les travaux de toute sorte, ayant tous un but anthropologique bien déterminé.

L'étude des maladies chroniques, curables par l'usage des eaux thermales sulfureuses, sera faite par moi en suivant la méthode nosologique, tout autant que l'état de la science me le permettra.

Me plaçant souvent, pour l'examen des faits, entre les deux doctrines médicales opposées, je chercherai à démontrer, par une analyse minutieuse de tous les éléments qui pourront constituer les affections dont je m'occuperai, quels peuvent être les points de contact des deux doctrines et l'utilité des appréciations faites suivant cette manière de procéder, qui pourra avoir, j'en suis convaincu, des résultats satisfaisants dans bien des circonstances.

Le médecin attaché à un établissement thermal doit avoir fait une étude sérieuse des principes qui dirigent les deux écoles vitaliste et organicienne, avant d'entrer dans le vaste champ de l'observation ouvert devant lui. Il y recueillera alors d'amples moissons qu'il apportera à la science de l'homme, et qui profiteront bien vite à toutes les classes de la société. Il ne doit pas oublier que les maladies qu'il sera souvent appelé à traiter et dont se présenteront atteintes, venant de presque toutes les parties du monde connu, des personnes ayant un tempérament, une constitution propres aux pays qu'elles habitent, une manière d'être et de sentir particulière, exigeront, alors qu'elles seront placées sous des influences climatériques différentes, des précautions infinies, afin que la solution de ces maladies soit facile sous l'action énergique de l'eau thermale.

La vie des thermes les plus fréquentés des Pyrénées, pendant les mois de juin, juillet et août, aurait besoin d'être bien conduite par les médecins qui, à l'exemple du docteur Bertrand, médecin au Mont-Dore, devraient apporter dans la direction de toutes les choses qui constituent cette vie, une volonté ferme et éclairée.

Le médecin devrait pouvoir s'occuper de tout dans l'intérêt des baigneurs :

Nourriture, plaisirs, promenades, courses lointaines et fatigantes que, tout provoque dans un pays où tant de souvenirs historiques, tant de merveilles excitent à tout instant la curiosité active des étrangers, devraient être bien réglés, afin que, pendant l'emploi des eaux, il

n'en résultât aucun dommage pour leur santé. Ces réflexions me sont suggérées par bien des faits que j'ai
observés et dont j'ai pu constater toute la portée, et, à
cette occasion, que je dise quels sont quelquefois les pro-
jets enfantés par des imaginations ardentes et passion-
nées.

Des étrangers de condition, et tous venus de pays
lointains, avaient conçu le projet, après avoir établi entre eux des relations intimes, de passer une nuit au pont
d'Espagne, dont ils voulaient faire éclairer le plateau de
manière à jouir entièrement, pendant qu'ils se livre-
raient au plaisir de la table sous la tente existant là
durant la saison des eaux, du spectacle imposant et
grandiose qu'offrent les monts élevés recouverts d'arbres
séculaires, et les torrents qui roulent avec fracas leurs
eaux, se réunissant sur ce point, pour former des cascades
immenses d'un aspect effrayant.

Parmi ces baigneurs si avides d'émotions, qu'il est toujours si dangereux de rechercher la nuit, au milieu des
plus hautes montagnes, et à côté de cours d'eau volu-
mineux et très rapides, se trouvaient de jeunes femmes
d'une santé bien languissante, dont l'aspect annonçait
une vie plus que fatiguée par tous les plaisirs des grandes cités, et qu'elles semblaient avoir fuis un instant, pour
demander à une nature nouvelle, vigoureuse et calme,
du repos ; repos dont bientôt elles ne pouvaient plus
vouloir, tant avaient sur elles d'empire l'habitude et l'a-
mour des plaisirs.

J'entre à dessein dans tous ces détails, afin de bien faire
comprendre que ces choses extraordinaires et d'autres
moins importantes, mais qui s'éloignent de tout ce qui
doit constituer la vie des établissements thermaux,
doivent être entièrement proscrites, si l'on ne veut voir
souvent les baigneurs se retirer mécontents de ce que,
s'étant exposés à toutes les fatigues d'un long voyage,
ils n'ont pas retiré grand avantage de l'usage des eaux,
sachant qu'ils ne doivent, en général, attribuer l'état
de leur santé qu'à leur persistance à conserver des habitudes funestes.

Je priais, un jour, un jeune homme fort intéressant,

tourmenté par un catarrhe pulmonaire chronique, de me confier entièrement sa santé, d'abandonner toute idée de plaisir pendant cinquante jours, et de croire que cette santé qu'il dépensait follement était un trésor précieux qu'aucun autre ne pourrait remplacer, et qu'il regretterait amèrement lorsqu'un jour, pressé par la crainte de la mort, il retournerait vers sa bonne mère, pour demander à toute sa tendresse les soins affectueux qu'elle avait prodigués à sa chétive enfance ; tous mes efforts furent infructueux : entraîné, je ne sais par quel penchant, il ne pouvait s'astreindre à mener une vie régulière, si nécessaire aux malades faisant usage des eaux, pour se débarrasser de longues et profondes affections.

Avec cette régularité dans la vie, il faut encore au baigneur de la persévérance et de l'exactitude à suivre le traitement ordonné. Il perdrait, en se laissant aller à un peu de paresse, ou à l'ennui que cause souvent la nécessité de faire pendant un temps non déterminé à l'avance, toujours les mêmes choses, tous les avantages qui doivent résulter pour lui de l'observation des règles prescrites.

Ces quelques réflexions sur la conduite à suivre, pendant l'emploi des eaux thermales, doivent suffisamment prouver qu'il n'est pas indifférent de faire plutôt d'une manière que d'une autre toutes les choses indispensables pour arriver à de bons résultats. L'agent de curation dont je vais faire une étude particulière, en l'examinant dans les nombreuses sources de Cauterets, n'est pas un agent simple, ni toujours inoffensif pour les personnes jouissant même d'une parfaite santé, comme bien des gens pourraient le croire.

J'ai par devers moi des faits qui me prouvent que son action dynamique est très puissante sur l'organisme, alors même qu'il est exempt de toute altération, et surtout lorsque cette action est très prolongée.

J'ai vu survenir chez des personnes bien portantes et fortement constituées des fièvres inflammatoires d'une intensité extraordinaire, et avec tous les dangers qui les accompagnent ordinairement, lorsqu'elles ont atteint ce degré, à la suite de bains pris aux Espagnols, pendant quelques jours, sans avoir fait assez d'attention à la température de l'eau, ni à la durée des bains.

Tous les habitants de Cauterets doivent se rappeler, comme un exemple à toujours citer, pour prouver la vérité de mes assertions, ce Vendéen qui, durant la saison des eaux de 1850, fut atteint d'une fièvre inflammatoire qui le mit à deux doigts de sa perte, pour avoir voulu faire, contrairement à mes prescriptions, usage de l'eau des Espagnols en bains, en douches, et en l'employant, à peu près, telle que la source la fournissait. La forte constitution de ce Vendéen fut tellement bouleversée par cette eau ainsi employée, qu'il fallut trois mois et demi de soins actifs et assidus pour le mettre en état de quitter sa chambre, et de supporter le mouvement d'une voiture bien suspendue qui le conduisit, à petites journées, dans la Vendée.

Ce fait et tant d'autres de cette espèce, qu'il me serait facile de citer, dénotent la puissance profondément modificatrice de l'eau thermale sulfureuse, et la possibilité de déterminer à volonté, par son emploi chez des individus jouissant d'une santé parfaite, des maladies graves.

L'action dynamique des eaux des nombreuses sources de Cauterets, qu'il est très facile de constater sur l'homme en santé, sera mon point de départ pour son appréciation dans les nombreuses affections soumises chaque année au traitement thermal. -

Je ferai connaître, avec une égale franchise, les insuccès comme les succès, bien persuadé que ce n'est qu'ainsi qu'on peut fonder une science reposant entièrement sur des faits bien observés.

CAUTERETS.

SON ORIGINE. — SA POSITION GÉOGRAPHIQUE, TOPOGRAPHIQUE. — SES SOURCES. — LEUR ANALYSE. — LES ÉTABLISSEMENTS QUI LES REÇOIVENT.

Cauterets, magnifique petite ville, placée dans un vallon solitaire, au milieu de montagnes très élevées, couvertes de sapins et de hêtres, se trouve à 992 mètres au-dessus du niveau de la mer.

De belles routes y conduisent aussi facilement que si elle était placée dans une vaste plaine, ouverte de tous côtés.

Ses maisons, très nombreuses, sont bâties avec un grand soin, et un luxe remarquable : elles sont vastes, bien aérées, d'une distribution commode, et confortablement meublées. On n'a rien négligé pour que l'habitant des grandes villes, l'homme opulent, le malade habitué à toutes sortes de commodités, soient toujours entièrement satisfaits.

L'histoire de Cauterets se rattache à la vie de tous les peuples qui, depuis les Ibères, ont jeté successivement leurs colonies de guerriers et de pasteurs sur les versants des Pyrénées, sur les bords des fleuves qui en descendent, sur la lisière des forêts.

La position de Cauterets, au centre de la chaîne des Pyrénées et sur la ligne de passages faciles, mettant en communication de riches contrées, a dû nécessairement fixer l'attention de toutes les grandes migrations de peuples, et leur faire utiliser les sources thermales répandues avec profusion sur ce versant qu'elles devaient sans cesse traverser.

Longtemps avant la conquête des Gaules par Jules-César, de grandes et puissantes nations avaient habité notre beau pays.

Les Ibériens, après la séparation des races qui s'étaient fixées dans l'Asie-Mineure, berceau du genre humain, arrivèrent, en poussant leurs nombreux troupeaux devant eux, jusqu'aux bords de la Garonne, s'étendirent insensiblement jusqu'aux Pyrénées, et fondèrent partout de vastes établissements. Il se livrèrent à l'exploitation des nombreuses mines que renferment ces montagnes, et parvinrent à un grand degré de prospérité, qu'ils conservèrent jusqu'à l'époque de l'invasion des Celtes, et des guerres désastreuses qui détruisirent leur nationalité, et les confondirent avec le peuple conquérant, qui fonda avec eux la nation celtibérienne. Les Euscariens des montagnes, mieux gardés que ceux de la plaine, par la nature des lieux qu'ils habitaient, et leurs institutions militaires, purent par une résistance opiniâtre échapper à toutes les attaques des Celtes, et former une confédération importante qui se maintint intacte jusqu'à l'asservissement des Gaulois. Il fallut toute la force et la discipline des armées romaines pour entamer cette confédération puissante, connue alors sous le nom de Cantabre, dont les débris se réfugièrent à l'extrémité occidentale des Albères, pour former encore là un corps de nation qui pût résister à toutes les armées d'Auguste, et se maintenir intacte au travers des siècles et après avoir fait sentir à bien des conquérants, même à l'armée de Charlemagne, la force de ses coups, et parvenir jusqu'à nos jours, en conservant ses mœurs, ses institutions et sa langue primitive.

Cette confédération, dont on connaît si peu l'histoire, occupait les deux versants des Albères et avait, sur l'occidental, des places importantes qui lui permettaient d'avoir des relations sûres avec les peuples ses voisins, sans avoir grand chose à craindre pour la conservation de son indépendance. Ce peuple Cantabre, d'abord pasteur, avait exploré, en conduisant ses nombreux troupeaux, toutes les parties des montagnes, et avait formé partout de nombreux établissements.

N'est-il pas probable que l'exploration minutieuse d'un pays aussi accidenté que la chaîne des Pyrénées, que les bergers sont forcés de faire durant la saison d'été, en suivant pas à pas leurs troupeaux, les aura menés facilement dans tous les lieux où existent les sources thermales que Cauterets possède actuellement, et qu'elles auront été découvertes à cette époque, où les habitudes pastorales avaient une très grande importance et étaient, pour ainsi dire, les seules en honneur chez ce peuple primitif?

Quand Crassus, après un long siége, se fut emparé de Lourdes, il envahit les vallées supérieures et établit sa domination partout. A la place où se trouvent aujourd'hui la jolie abbaye de St-Savin, et son point de vue magnifique, les Romains construisirent un fort qui porta le nom d'Emilien. N'est-il pas présumable que ce peuple

guerrier, qui *fondait ou ferme* partout où il asseyait solide-
ment sa domination, est parvenu jusqu'aux sources de
Cauterets, et qu'il s'est servi de ses eaux pour le traitement des vieilles blessures et de beaucoup d'affections
chroniques difficiles à guérir.

Le nom de *César*, donné à une des plus importantes
sources de Cauterets, et qu'elle a toujours conservé, fait
croire que les soldats romains, qui avaient fait usage des
eaux de cette source, et qui devaient en avoir retiré de
très grands avantages, avaient voulu, en quelque sorte,
signaler ses vertus curatives, en lui faisant porter le nom
de leur général, le plus grand capitaine de ces époques
mémorables.

Après l'irruption des barbares, en 406, et le sac
de Rome par Alaric, roi des Visigoths, nos contrées
furent bien vite envahies, et Alaric établit la capitale
de son royaume à Toulouse, après avoir conquis toutes
les provinces romaines placées entre les bords de la Garonne et les Albères. Les armées victorieuses traversèrent bientôt les Pyrénées, et fondèrent en Espagne un
vaste royaume qui subsista jusqu'à l'arrivée des Sarra-
sins, en 711.

La destruction de la nation visigothe permit aux
Maures d'établir leur domination dans une partie des
Gaules, et plus particulièrement le long de la chaîne des
Pyrénées, où ils possédèrent des places fortes, qui leur
assurèrent pendant longtemps la libre et paisible jouis-
sance de toutes les vallées supérieures, et de tous les
passages faciles existant au sommet des montagnes.

N'est-il pas certain que cette nombreuse nation, qui
obéissait à la loi de Mahomet, avait apporté dans les
nouvelles contrées où elle s'était établie toutes les habitudes des pays qu'elle venait de quitter, et dont le
koran lui faisait partout une obligation. L'ablution dans
l'islamisme est un des cinq devoirs religieux qui entrent
dans le culte extérieur. Tout porte à croire que ces enfants du désert, occupés, après leurs excursions guer-
rières, à se maintenir dans le pays qu'ils venaient de
conquérir, en explorèrent avec soin toutes les parties, et
ne négligèrent pas d'utiliser de grands moyens de gué-

rison, connus déjà, qu'ils trouvaient sur leurs pas en traversant les montagnes et les passages qui se rencontrent au-dessus de Cauterets, mettant en communication facilement l'Espagne et la France.

Après eux, les Francs, commandés par Charlemagne, et qui délivrèrent pour toujours nos contrées de la domination sarrasine, firent usage des eaux sulfureuses de Cauterets. Quand St-Savin, qui portait le nom d'*Opidum novum*, fut, après de rudes assauts, pris par Roland, des chevaliers blessés s'y établirent pour y obtenir leur guérison et y trouver un repos dont ils avaient grand besoin après les terribles luttes qu'ils durent soutenir pendant huit mois devant la formidable place de Lourdes, contre les Maures aguerris, commandés par d'habiles et intrépides chefs.

La proximité de ces eaux bienfaisantes de l'habitation splendide que Charlemagne donna ordre de construire à St-Savin, et qu'il dota magnifiquement afin que ses guerriers pussent y vivre commodément, fit acquérir aux sources de Cauterets une grande importance. Les Francs de cette époque mémorable formaient d'innombrables armées qui suivaient leur empereur dans toutes les guerres lointaines qu'il entreprenait, et venaient souvent demander à nos sources salutaires la guérison des maladies contractées durant des expéditions fatigantes.

Cauterets, depuis ces temps si grands, a vu sa réputation s'étendre : franchissant des époques dont je pourrais encore invoquer les souvenirs, je veux arriver au règne de François 1er, et montrer quelle était la vogue dont jouissaient alors les eaux de Cauterets. Je laisse parler la galante et spirituelle Marguerite, sœur de ce roi vaillant qui porta si loin le respect de la foi jurée et l'amour de la chevalerie :

« Le premier jour de septembre, que les bains des « Pyrénées commencent à avoir de la vertu, plu- « sieurs personnes, tant de France, d'Espagne que « d'ailleurs, se trouvèrent à ceux de Cauterets, les uns « pour boire, les autres pour s'y baigner, les autres « pour prendre la boue..... Vers le temps du retour,

« vinrent les pluies si excessives qu'il fut impossible de
« demeurer dans les maisons de Cauterets, remplies
« d'eau. Ceux qui étaient venus d'Espagne s'en retour-
« nèrent par les montagnes du mieux qui leur fut
« possible. Les Français, pensant à s'en retourner à
« Therbes (Tarbes), trouvèrent les petits ruisseaux si
« enflés qu'à peine purent-ils les passer à gué. Mais
« quand il fallut passer le Gave béarnais qui, en allant,
« n'avait pas deux pieds de profondeur, il se trouva si
« grand et si impétueux qu'il fallut se détourner pour
« aller chercher des ponts : comme ces ponts n'étaient
« que de bois, ils furent emportés par la violence des
« eaux. Quelques-uns se mirent en devoir de rompre
« la véhémence des cours en se joignant plusieurs de
« compagnie ; mais ils furent emportés avec tant de
« rapidité que les autres n'eurent par envie de les sui-
« vre. Ils se séparèrent donc, ou pour chercher un
« autre chemin, ou parce qu'ils ne se trouvèrent pas de
« même avis. Les uns traversèrent les montagnes, et,
« en passant par l'Aragon, vinrent dans le comté de
« Roussillon, et de là à Narbonne. Les autres s'en allè-
« rent droit à Barcelonne, et passèrent par mer, les
« uns à Marseille, les autres à Aigues-Mortes ; d'autres
« encore, pour prendre une route détournée, s'enfon-
« cèrent dans les bois et furent mangés par les ours ;
« quelques-uns vinrent dans des villages qui n'étaient
« habités que par des voleurs..... L'abbé de St-Savin
« logea des dames et des demoiselles dans son apparte-
« ment : il leur fournit de bons chevaux du Lavedan
« et de bonnes capes du Béarn, force vivres et escorte
« pour arriver à Notre-Dame de Sarrance. »

Comme on le voit par ce passage des écrits de Marguerite, la belle compagnie de son temps aimait à trouver le plaisir dans des contrées où elle allait chercher
la santé ; et, alors comme aujourd'hui, les parties les plus
riches et le mieux élevées de la société oubliaient trop
souvent que l'amour des plaisirs ne pouvait pas toujours
s'allier avec la vie régulière et calme que les baigneurs
malades doivent mener, s'ils veulent retirer de l'usage
des eaux tous les avantages qu'il leur procure ordinai-

rement, lorsqu'ils se placent dans des conditions de vie convenables.

L'on voit par l'histoire que j'ai tracée rapidement de l'arrivée des divers peuples dans les régions pyrénéennes, de leurs établissements, de leurs guerres, de leurs transformations successives et de leur disparition après être souvent arrivés à un grand degré de prospérité, l'on voit que rien de ce qui pouvait aller à leurs habitudes, leurs besoins, leur bien-être, leur sûreté, leur santé, n'était négligé par eux. Si l'on devait juger les nations qui ont déjà existé par ce qui se passe chez nous, nous croirions facilement que la crainte des maladies, de la mort a presque toujours fait rechercher ce qui pouvait préserver des unes et éloigner l'autre autant que possible. Les eaux thermales, ce moyen de guérison qui devait naturellement frapper l'imagination des peuples qui se déplaçaient en masse pour chercher des climats plus doux, des terres plus fertiles que celles qu'ils abandonnaient, peut-être pour obéir à une mission providentielle, furent recherchées par eux. Les affections inséparables de longues et difficiles migrations, souvent réfractaires à tous les moyens ordinaires de la médecine, durent pousser les malades vers les sources bienfaisantes qui se trouvent en si grand nombre dans quelques vallées des Pyrénées.

Tout dans l'étude de la découverte de cet agent de curation, répandu partout avec profusion au sein des plus grandes œuvres de la création comme un bienfait de la Providence, conduit naturellement à rechercher comment il est formé, et de quelle partie de la terre il provient.

Une foule d'hypothèses sur sa constitution ont été produites par de savants géologues. Elles peuvent se réduire à cinq principales :

La première est celle qui veut que le centre de la terre forme une masse liquide incandescente d'environ 3000 lieues de diamètre, renfermée dans un croûte solide, comparativement très mince. Dans cette hypothèse, soutenue par de Saussure, d'Aubuisson, Cordier, Fox, Fournier, de Laplace, Arago, etc., etc., les preu-

ves principales seraient : 1º l'augmentation de la température à mesure qu'on descend de la surface de la terre
vers l'intérieur ; 2º l'existence des sources thermales,
dont la température et le volume sont toujours les mêmes ; 3º la température des puits forés ; 4º la différence
entre la température moyenne de la terre, qui est
plus élevée, et la température moyenne de l'atmosphère ; 5º l'émission de matières ignées à toutes les époques ; 6º les phénomènes volcaniques ; 7º l'abaissement
de la température à la surface du globe, démontrée par
les phénomènes géologiques ; 8º la fluidité originelle des
éléments de notre planète, déduite de son applatisse-
ment aux deux pôles.

Dans cette théorie du feu central de la terre, ne
pourrait-on pas admettre, pour expliquer l'état de
conservation de la croûte solide qui enveloppe ce
foyer liquide et incandescent, et le phénomène si
curieux des eaux thermales, que des courants d'eau,
dont les sources sont intarissables, coulent d'une manière
régulière à une certaine profondeur dans la croûte du
globe, et assez près du foyer incandescent pour le maintenir constamment dans les mêmes limites, et l'empêcher
ainsi de se propager jusqu'à cette enveloppe, qui serait
bien vite réduite à l'état de fusion ignée : que ces cours
d'eau intérieurs, qui proviendraient des grandes mers
qui recouvrent une si grande surface de la terre, seraient
réduits par le feu central, avec lesquels ils communi-
queraient au moyen de grandes fissures à l'état de
vapeur ; que cette vapeur, chargée des principes constitutifs des eaux thermales qu'elle aurait puisés soit dans
les diverses matières contenues dans ce foyer ardent,
soit dans les terrains primitifs, trouvant d'immenses
entonnoirs qui lui permettraient de s'élever vers la
superficie de la croûte terrestre, y serait insensiblement
et régulièrement condensée par l'action de températures
de plus en plus basses, et réduite à l'état d'eau courante
qui jaillirait avec force et d'une manière continue à
travers les ouvertures que présenteraient çà et là ces
entonnoirs, véritables tubes de sûreté qui, semblables à
ceux établis dans les grandes machines à vapeur, paraî-

traient formés pour préserver la terre des secousses terribles qu'elle pourrait éprouver si cette vapeur, sans cesse produite, ne pouvait sortir facilement transformée en eau, qui est pour l'homme malade un agent thérapeutique puissant.

Dans la deuxième hypothèse, peu favorable à la théorie du feu central, quelques physiciens ont recours aux phénomènes chimiques pour rendre compte du soulèvement et de l'éruption des roches éruptives, de la formation des eaux thermales, etc., etc. Suivant ces observateurs, l'intérieur du globe, au lieu d'être une immense masse en fusion, est un noyau solide, mais qui n'a pas été atteint d'abord par le grand travail d'oxidation qui s'est effectué à l'origine dans la croûte qui nous en sépare, ce travail n'aurait commencé à s'opérer dans la masse inférieure que lorsque l'abaissement de la température eût permis la formation de l'eau dans l'atmosphère, sa précipitation et sa pénétration jusqu'à cette masse intérieure où prédomineraient des métaux inflammables tels que *potassium*, *sodium*, *calcium*, etc., etc., dont l'oxidation contiuerait à avoir lieu.

L'eau que ces métaux décomposeraient pour s'emparer de son oxigène, trouverait sans cesse à se mettre en contact avec les bases oxidables, et à former avec elles quelques combinaisons chimiques, qui, produisant toujours une augmentation de volume dans les bases métalliques, seraient une source intarissable de chaleur dans l'intérieur du globe, et la production de tous les phénomènes que l'on a attribués à l'action du feu central du globe.

Le célèbre chimiste anglais Davy, principal auteur de cette théorie, l'appuie sur une expérience bien simple : elle consiste à projeter en l'air de l'eau que l'on fait retomber en rosée très fine sur une boule placée sur un morceau de verre, et dans laquelle entrent en grande proportion les métaux inflammables : *potassium, sodium, calcium,* etc., etc. Chaque molécule d'eau qui arrive au contact du petit globe métallique est décomposée ; une chaleur intense se produit, et l'hydrogène de l'eau brûle avec une petite flamme comparable à celle d'un volcan ; au point de contact se creuse un petit cratère, sur les bords duquel les métaux oxidés se relèvent en formant un monticule. Si l'on fait retomber l'eau en plus grande quantité, toute la surface de la masse métallique s'embrase, et il s'y forme une multitude de crevasses et d'élévations comparables aux grandes vallées et aux chaînes de montagnes dont la terre est sillonnée.

Pour la troisième hypothèse, émise afin d'expliquer la formation de la chaleur intense de notre planète, et de beaucoup d'autres phénomènes d'une grande importance, l'on a voulu que les différents compartiments de l'écorce du globe formassent une immense pile qui donnerait naissance aux phénomènes électriques et calorifiques, comprenant le magnétisme et la chaleur centrale. Dans cette théorie, l'électricité, fluide d'une extrême élasticité et d'une grande énergie, répandue dans le globe d'une manière universelle, serait l'agent en vertu duquel tous les corps existants s'attireraient, se repousseraient, se décomposeraient, deviendraient lumineux, et en vertu duquel encore auraient lieu toutes les combinaisons chimiques, et tous les grands courants magnétiques qui circuleraient à une certaine profondeur, d'occident en orient, et feraient considérer la terre comme un aimant.

La quatrième hypothèse serait celle de M. Poisson, qui penserait que la chaleur intérieure de notre planète proviendrait de son passage dans des régions cosmiques jouissant d'une température infiniment plus élevée que celle des régions où elle se trouve actuellement. La terre, en traversant les régions célestes, se serait échauffée jusque dans ses parties les plus profondes, qui auraient conservé toute leur chaleur après qu'elle se serait éloignée de ces régions, et que la superficie de sa croûte se serait graduellement refroidie.

Cette hypothèse, peu conciliable avec le système astronomique, ne se prête à aucune espèce de vérification ni d'explication, surtout quant à la formation des eaux thermales. Avant d'examiner la cinquième hypothèse, je dois dire que la géologie des eaux minérales est encore bien peu avancée.

Un fait digne de la plus grande attention, dans l'observation des eaux thermales, est celui de la constance de leurs phénomènes et de leur température : on remarque, en effet, dans celles qui sont connues de temps immémorial, le même volume, les mêmes propriétés physiques et le même degré de chaleur.

Les eaux thermales conservent beaucoup plus longtemps leur température que l'eau ordinaire portée au même degré de chaleur par nos moyens artificiels. De plus, l'élévation de leur température n'empêche pas qu'elles ne puissent être bues et facilement supportées par nos organes, tandis que l'eau ordinaire, chauffée au même degré, ne serait pas supportable et attaquerait les organes qu'elle toucherait. Ces deux faits indiqueraient que la cause qui produit la chaleur des eaux minérales différerait de celles que nous employons tous les jours dans l'usage domestique.

L'étude de ces phénomènes avait déterminé Laplace à présenter une théorie des sources thermales. « Si l'on « conçoit, dit l'habile géomètre, que les eaux, en péné- « trant dans l'intérieur d'un plateau élevé rencontrent « dans leur mouvement une cavité de 3000 mètres de « profondeur, elles la rempliront d'abord ; ensuite, ac- « quérant à cette profondeur une chaleur de 100° au « moins, et devenues par là plus légères, elles s'élèveront « et seront remplacées par les eaux supérieures : en « sorte qu'il s'établira deux courants d'eau, l'un montant « et l'autre descendant, perpétuellement entretenus par la « chaleur intérieure de la terre. Ces eaux, en sortant de « la partie inférieure du plateau, auront évidemment « une chaleur bien inférieure à celle de l'air, au point « de leur sortie : température qui sera constante, puisque « l'eau sera toujours dans des conditions identiques. »

Cette théorie de l'illustre savant, conséquence de ses idées sur l'état intérieur du globe, n'expliquerait pas d'une manière aussi satisfaisante la formation des eaux thermales que celle que j'ai fournie lorsque j'ai étudié l'hypothèse de la fluidité ignée des parties intérieures de la terre. Et si l'on doit admettre avec la géologie que les montagnes sont le résultat de soulèvements successifs à travers la croûte de la terre, provenant des matières ignées que renferme son noyau, ne devrait-on pas les considérer comme de vastes cheminées posées sur ces prodigieux foyers, ayant besoin d'être contenus toujours par de grands courants d'eau intérieure, dans des limites qu'ils ne pourraient franchir sans réduire bien vite en feu toutes les parties solides du globe.

Tout dans cette opinion, ainsi formulée, ferait croire que le gisement des eaux thermales pourrait être dans ces grands fleuves intérieurs, et dans les foyers de matières liquides incandescentes auxquels iraient sans interruption aboutir ces eaux intérieures qui, en partie absorbées, en partie décomposées et réduites en vapeur par l'ébullition des matières métalliques, monteraient, après avoir formé avec leurs bases des produits nouveaux, jusqu'aux régions des montagnes où l'abaissement de la température les ramenant à l'état liquide, leur permettrait de couler rapidement à travers les fissures que ces montagnes offrent çà et là, en conservant toujours le même volume, la même chaleur et les mêmes principes minéralisateurs.

La difficulté que quelques chimistes modernes ont trouvée à expliquer la formation des eaux minérales de diverses natures, par l'une des quatre théories que j'ai énumérées, leur a fait chercher la cause probable pour eux, celle qui peut présider à tous les phénomènes de la nature, et ils croient l'avoir trouvée dans les fluides gazeux, l'oxigène, l'hydrogène, le carbone et l'azote, qui circuleraient de l'atmosphère dans le sein de la terre, et de la terre dans l'atmosphère. Comme le physiologique qui veut que toutes les parties des êtres vivants ne soient formées que par la réunion de ces quatre fluides gazeux qui, combinés ensemble et de différentes manières, donnent naissance à des produits qui n'ont pas la moindre ressemblance entre eux, quoiqu'ils soient composés des mêmes corps simples, les chimistes dont je parle voudraient trouver dans les combinaisons des quatre corps simples la source de toutes les eaux minérales. Ils admettraient, pour expliquer la production du colorique que présentent les sources thermales, que la combinaison de ces fluides gazeux se ferait sous l'influence de forces chimiques très puissantes, telles qu'une forte pression, une haute température, et principalement l'électricité.

Un fait fort curieux qu'offre la chaîne des Pyrénées, et relatif aux points où se trouvent ses sources sulfureuses les plus importantes, semblerait donner quelque valeur à la conjecture que j'émets sur le gisement des eaux thermales, et sur la voie qu'elles peuvent suivre pour parvenir à la surface du globe.

Examinez la chaîne dans toute son étendue, étudiez-là avec soin, depuis son extrémité orientale jusqu'à l'occidentale, et vous verrez qu'elle commence d'une manière fort abrupte par le Canigou, dont la hauteur est de 2785 mètres au-dessus du niveau de la mer; et qu'elle va, en s'élevant de plus en plus, jusqu'à la Maladetta ou pic de Nettou, qui occupe à peu près son milieu; que trois autres pics, qui sont celui de Posets, le Mont-Perdu et le Vignemale, forment là, avec lui, un ensemble imposant de monts gigantesques, portant leurs cimes élevées vers les cieux, et semblant défier les tempêtes et commander à toutes les autres régions des Pyrénées, qui, à partir du Vignemale, éprouvent bien vite un abaissement considérable qui les fait, au bout occidental, se cacher, pour ainsi dire, dans l'Océan. Cherchez, après avoir ainsi parcouru l'ensemble de cette vaste et belle chaîne de montagnes, les nombreuses sources thermales qu'elle présente, et vous verrez qu'en face et presque au pied de ses monts les plus grands sont les sources les plus importantes, celles qui offrent le plus de principes minéralisateurs et de calorique. Bagnères-de-Luchon est en face de la Maladetta et du pic de Posets; Barèges au bas du Mont-Perdu, et Cauterets regarde ce fameux mont, le Vignemale, dont aucun des intrépides chasseurs de bouquetins et d'izards n'a pu encore visiter le sommet. Puis, voyez, en vous dirigeant vers l'extrémité de cette chaîne qui se cache dans les eaux de l'Océan, quelle est la valeur intrinsèque de chaque établissement thermal que vous apercevez au fur et à mesure qu'elle décroît.

SOURCES THERMALES SULFUREUSES DE CAUTERETS.

Les sources thermales sulfureuses de Cauterets sortent des terrains de cristallisation ; elles sont nombreuses et disposées en deux groupes, placés l'un à l'est et l'autre au sud de la ville.

Pour l'exploitation de celles du groupe de l'est, existent plusieurs grands établissements que je ferai connaître en détail après que j'aurai étudié les sources des groupes du sud, qui sont, pour moi, celles par lesquelles on doit être initié à tous les secrets de l'action dynamique des eaux sulfureuses de Cauterets.

LA RAILLÈRE.

Les deux premières sources que présente ce groupe, sont celles de La Raillère, qui sont reçues dans un vaste et beau bâtiment, construit à 2 kilomètres de la ville, sur une magnifique terrasse, à laquelle arrivent actuellement, en suivant la belle rampe qui longe le bas de la montagne, beaucoup de voitures, pour l'utilité des baigneurs qui se rendent toujours en foule dans ces thermes.

Deux sources abondantes versent leurs eaux dans de larges bassins construits derrière l'établissement, pour le service de 23 baignoires et d'une buvette jouissant d'une réputation bien méritée et que justifient tous les ans les nombreuses cures qu'elle opère.

La plus importante des deux sources est celle qui alimente la buvette et 17 cabinets compris inclusivement entre les n°s 7 et 23. Sa température, prise à la source, et de 38° 25 cent~~ésimaux~~.

La petite source, celle qui fait fonctionner les baignoires, sous les n°s 1, 2, 3, 4, 5 et 6, a 34° 25 cent~~ésimaux~~ de température.

L'eau de La Raillère répand au loin l'odeur des œufs couvis et laisse dégager beaucoup de bulles gazeuses quand on la reçoit dans un verre ; elle a une certaine limpidité, qui n'est pas troublée par des matières blanchâtres qui apparaissent sous forme de très petits flocons amorphes.

Cette eau laisse dans la bouche, quand on l'y a gardée quelques instants, une légère sensation d'amertume et d'astriction qui n'est pas désagréable.

Bue à jeun, aussitôt après qu'elle a été reçue dans un verre, elle ne tarde pas, surtout si la quantité prise a été assez considérable, à agir sur les sécrétions buccale et salivaire, de manière à les augmenter considérablement et à faire acquérir à leur produit un goût, une saveur agréable et à la bouche une grande fraîcheur. Son action sur le reste de l'économie n'est pas moins remarquable ; elle rend la respiration plus facile. La douce chaleur qu'elle répand dans la région abdominale, semble activer la vie dans les organes qu'elle renferme : les reins sécrètent en abondance une urine claire et limpide dont l'émission facile procure du bien-être ; les fonctions de la défécation deviennent plus actives et se régularisent.

L'énergie du système nerveux s'accroît, et les organes des sens, quand ils sont sains, acquièrent une force de perception remarquable : la circulation reçoit de l'action de l'eau thermale sulfureuse une activité qui se manifeste par une légère augmentation dans les mouvements du cœur ; les forces musculaires, sous la puissance de cette action, deviennent plus considérables.

J'etais toujours étonné le matin, après avoir pris quelques verrées d'eau sulfureuse, de me trouver dans l'état que je viens de décrire, et qui est celui que les baigneurs éprouvent en général, et qu'ils vous font parfaitement connaître quand vous les engagez à faire une grande attention à tout ce qu'ils ressentent après avoir bu une quantité déterminée d'eau, et s'être livrés à un exercice modéré durant quelque temps.

Les forces digestives sont réveillées vivement par cette boisson, qui est, pour beaucoup de personnes, un peu difficile à digérer. Cette difficulté de l'absorption tient à la présence de cette matière blanchâtre, floconneuse qu'elle charrie en assez grande quantité, et qui joue un rôle important dans le traitement des maladies cutanées, nerveuses, des voies thoraciques et digestives. Les faits nombreux que j'aurai l'occasion de citer dans le cours de mes lettres, prouveront la vérité de mes propositions.

L'absorption prompte et facile de quelques parties de l'eau thermale fait naître rapidement des phénomènes centrifuges, qui se manifestent par une disposition à suer aisément, aussitôt que cette eau a été introduite par les veines mésaraïques dans le torrent circulatoire. L'appréciation exacte du développement de cette force d'expansion peut être d'une fort grande utilité pratique. J'ai vu très souvent la diminution des maladies chroniques des muqueuses coïncider parfaitement avec l'apparition d'une diaphorèse, que j'appelle thermale, parce qu'elle a des caractères qui lui sont propres et auxquels un médecin attentif la reconnaît facilement. Je décrirai avec soin ces caractères, lorsque je détaillerai les faits pathologiques qui me les auront offerts.

L'action dynamique de l'eau sulfureuse agit souvent aussi sur le système nerveux, de manière à réveiller toutes ses forces centripètes, centrifuges ou de réflexion, et toutes les sympathies qu'il est nécessaire de bien connaître quand on veut se rendre un compte exact d'une foule de phénomènes physiologiques et pathologiques, inexplicables sans leur intervention, et que l'on veut traiter un grand nombre d'affections de l'axe cérébro-spinal et de quelques nerfs appartenant à des organes importants tels que ceux de la vue et de l'ouïe, etc., etc., affections que l'on ne saurait ni modifier ni guérir sans mettre ces forces en jeu et sans savoir les bien utiliser.

A côté de cette action si bien déterminée pour moi, dans quelques sources de Cauterets se trouve une autre action de nature très différente, et qu'il est fort utile de parfaitement connaître.

La première (résultat du principe sulfureux) est tonique, fortifiante, tandis que la deuxième, sédative, adoucissante, est due à cette matière blanchâtre floconneuse, appelée barégine, glairine, matière azotée, substance grasse, organique, etc., sur l'origine et la nature de laquelle chimistes et médecins dissertent depuis quelques années, sans pouvoir arriver à rien de positif ni sur son origine, ni sur sa nature. Ce qu'il faut

constater avec soin, avant tout, c'est sa présence dans
l'eau sulfureuse et son importance thérapeutique. Je
démontrerai dans le cours de mes lettres l'utilité de l'existence des deux principes dans les eaux thermales pour
le traitement de beaucoup d'affections essentiellement
asthéniques, et où l'éréthisme nerveux se produit facilement et réclame l'emploi constant d'un agent de curation approprié à sa nature.

ANALYSE CHIMIQUE.

Les analyses de l'eau de La Raillère, faites à diverses
époques par d'habiles chimistes, ont fait successivement
connaître les divers principes minéralisateurs qu'elle
contient.

Les plus récentes que j'ai pu me procurer ont établi
que 30 kilogrammes d'eau évoparée dans une capsule de
verre, ont donné un résidu sec de deux-gros huit grains.

Ce résidu, qui a une saveur douce, alcaline, attire
sensiblement l'humidité de l'air, et a fourni, traité par
divers procédés, le résultat suivant :

1º Moitié du volume d'acide hydrosulfurique.
2º Deutohydroclorate de sodium . . . 40 grains.
3º Deutocarbonate de sodium 36
4º Deutosulfate de sodium 25
5º Substance grasse 21
6º Silicate de soude 30
7º Gaz azote.

Ces principes constitutifs de l'eau sulfureuse sont loin
de satifaire le praticien qui veut se rendre un compte
aussi exact que possible de l'action thérapeutique de
cette eau. Sa puissance curative contre des affections
qui sont souvent guéries par les préparations iodées,
devait faire supposer que l'iode pouvait être un de ses
agents principaux. La chimie a démontré, il y a peu de
temps, que les eaux de Cauterets le possédaient en
quantité assez considérable, et qu'il se trouvait probablement à côté du principe sulfureux à l'état d'iodure.
M. O. Henry, qui a recherché ce principe dans les eaux
de nos thermes, l'y a parfaitement constaté : il en a

trouvé même des traces dans la barégine, examinée sé-
parément.

L'on peut se demander, maintenant que l'on voit
combien il a fallu de temps à d'habiles chimistes pour
constater dans ces eaux des principes qu'ils ne suppo-
saient pas y exister, si elles n'en contiendraient pas
d'autres, qui ont échappé jusqu'ici à toutes les recherches. L'étude et le traitement de toutes les maladies
guéries chaque année dans les divers thermes de la
chaîne des Pyrénées, pourraient bien conduire à faire
soupçonner l'existence de nouveaux principes qui, probablement, s'y trouvent à côté de ceux qui son déjà
connus.

L'analyse clinique, en séparant parfaitement tous les
éléments des maladies et en cherchant à savoir quelle
est la nature et l'ordre de leur importance dans leur production, pourra devancer l'analyse chimique dans cette
voie du progrès où elle n'est souvent entrée que longtemps après elle.

Il semble que depuis quelques années les chimistes
ont renoncé à étudier analytiquement les grandes sources thermales sulfureuses connues actuellement. Il serait
bien à désirer qu'ils reprissent leurs opérations dans
l'intérêt de la science de l'hydrothérapie. Ils feraient
ainsi disparaître des mains de bien des personnes des
moyens d'étude très imparfaits, aidant à propager de
grandes erreurs sur les sources sulfureuses et sur leur
classification d'après leur degré de sulfuration, établie
au sulfhydromètre.

Que dire d'hommes qui ont l'air de se présenter gra-
vement dans les établissements thermaux, leurs mains
armées du sulfhydromètre, d'un flacon de teinture d'iode,
plus ou moins bien préparée, et d'un autre flacon plein
d'une solution d'amidon, sans aucune proportion qui, après
des expériences faites avec la plus grande négligence et
dans les conditions les plus défavorables, sans s'être
même donné la peine de savoir quelle était la pression
atmosphérique et le degré de température de l'atmosphère aux diverses hauteurs où ils opéraient, livrent
à la publicité le résultat de leurs recherches sur le degré

3

de sulfuration de chaque source. Que dire de pareils expérimentateurs ; qu'ils abusent d'un très faible moyen d'expérimentation dans leurs mains et qu'ils propagent souvent ainsi des erreurs qui restent, parce qu'à côté d'eux ne se trouvent pas toujours des personnes assez dévouées aux intérêts de la science pour les faire connaître. Je pourrais citer beaucoup de faits à l'appui des plaintes que j'articule.

Je crois qu'il est de la plus absolue nécessité, si l'on veut faire marcher rapidement la sience de l'hydrothérapie minérale, d'apporter dans les études cliniques et chimiques la plus grande sévérité. Il faudrait pouvoir ne livrer à la publicité que des faits bien observés, que le monde médical pût accepter en toute confiance : c'est ainsi que s'accroîtrait d'heure en heure la masse des matériaux qui permettraient d'élever bien vite la science de l'hydrothérapeutique minérale à la hauteur des autres branches des sciences médicales.

PETIT-SAINT-SAUVEUR.

Non loin de La Raillère, en se dirigeant toujours vers le sud, se trouvent sur la rive droite d'un torrent rapide, les bains du Petit-Saint-Sauveur, ainsi appelés parce que ses eaux, très chargées de barégine, ressemblent parfaitement à celles de Saint-Sauveur, et peuvent les remplacer entièrement dans le traitement de toutes les maladies qui sont guéries dans cet établissement thermal.

Le Petit-Saint-Sauveur a 10 cabinets bien tenus. L'eau que reçoivent ces cabinets provient d'une source attenante, pour ainsi dire, à l'établissement, et ayant 33º 30 cent. de température ; cette source charrie abondamment de la glairine, qu'il est facile de ramasser à pleines mains dans le canal situé derrière l'édifice.

Cette substance, qu'on est bien aise de connaître, d'apprécier, en se servant de quelques organes des sens, est onctueuse au toucher ; elle laisse dans les mains, lorsqu'on l'y a gardée quelques instants en la pétrissant, une odeur de soufre, qui se maintient longtemps, et qui est assez pénétrante pour l'odorat. On lui trouve, lorsqu'on en mange une certaine quantité, toutes les qualités de la gelée animale privée de sel.

Elle reste, surtout si l'on est à jeun, longtemps sur l'estomac, et y pèse comme un corps inerte et dur.

Il paraît qu'elle doit résister à l'action dissolvante du suc gastrique, ou que, n'en provoquant pas la sécrétion abondante, elle n'est dissoute qu'insensiblement par lui, et poussée bien lentement dans le duodénum par l'estomac, qui doit se pelotonner longtemps sur elle pour s'en débarrasser.

L'analyse chimique de l'eau du Petit-Saint-Sauveur n'a point fait connaître d'autres principes constitutifs que ceux constatés par elle dans l'eau de La Raillère; ils s'y trouvent seulement en proportions moins grandes, à l'exception de la barégine, qui y est en quantité considérable, et qui fait de cette eau un agent thérapeutique précieux dans beaucoup de névroses et d'affections cutanées, où il est très nécessaire de ne faire agir le principe sulfureux que faiblement et pour ainsi dire au travers d'une enveloppe de substance mucilagineuse, pouvant mitiger son action trop excitante, et la proportionner ainsi à l'irritabilité des organes malades.

BAINS DU PRÉ.

A cinquante ou soixante pas du Petit-Saint-Sauveur, tout-à-fait sur le bord du torrent, existe l'établissement du Pré.

Le bâtiment qui reçoit l'importante source qui jaillit avec abondance des terrains primitifs et fort près du torrent, renferme 19 cabinets; l'un d'eux, le plus rapproché du réservoir, est destiné aux douches. Dans ces thermes se trouvent une buvette fort utile et quelques tubes établies contre le bassin de l'eau thermale, et dans une petite barraque en planches pour l'aspiration de la vapeur provenant de cette eau, qui a une température de 48° 40 cent.

Cette source, aussi riche en matières minéralisatrices que celle de La Raillère, offre très peu de glairine. Les différences qui existent entre ces sources, quant à cette substance dont l'absence, presque complète, laisse à découvert le principe sulfureux, placent la première dans une des catégories que j'établirai plus tard, et permettent de l'employer dans le traitement d'affections qui réclament souvent une vigoureuse stimulation.

ANTRE DE MAHOURAT.

À une assez forte distance du Pré, toujours en gagnant le haut de la montagne, et sur la même rive du torrent, dans un *antre* dû en partie à la nature et en partie à la main de l'homme, apparaît une source fort volumineuse, qui, malheureusement, n'a été employée jusqu'ici qu'en boisson et sous forme de vapeur.

L'eau de cette source, où pétillent des parties gazeuses quand on la reçoit dans un verre, ne charrie pas, à proprement parler, de glairine. Sa température, qui est de 50 degrés centigrades, l'a fait rechercher par beaucoup de personnes qui font usage de l'eau de La Raillère, surtout lorsque celle-ci est pour elles de difficile digestion.

La vapeur qu'elle laisse dégager en très grande quantité la rend fort utile dans le traitement des phlegmasies chroniques des voies aériennes. Elle est moins riche en principes sulfureux que celles de La Raillère et du Pré.

SOURCE DES YEUX.

Au-dessus et à côté de l'antre de Mahourat, existe un petit filet d'eau, appelé source des yeux, à cause de l'emploi qu'en font en général un grand nombre de personnes atteintes d'ophthalmies chroniques, et qui cèdent communément à l'usage réitéré de lotions faites à la source même.

SOURCE DES ŒUFS.

Quand on pense à ce ruisseau d'eau thermale appelé source des OEufs, ayant une température de 55° cent., charriant abondamment de la glairine, et qui coule non loin de l'antre de Mahourat, contre le torrent même dont il n'est séparé, lorsque ses eaux sont très basses, que par quelques pierres; quand on pense à cette source si abondante, sans que personne puisse s'en servir, l'on se dit que si Cauterets n'était pas si riche en eaux sulfureuses, il s'empresserait de faire exécuter quelques travaux pour exploiter cette source importante. Il faut espérer que sa prospérité toujours croissante le fera sortir de sa torpeur sous ce rapport, et qu'il ne laissera pas longtemps se perdre des eaux qui pourraient rendre d'immenses services à l'humanité.

BAINS DU BOIS.

Ce groupe du sud, si remarquable, se termine par les thermes *du Bois*, perchés comme un nid d'oiseaux sur le versant d'une haute montagne, à une assez grande distance des trois dernières sources dont je viens de parler.

Ces thermes, généralement peu fréquentés par les baigneurs riches, à cause de leur éloignement considérable, ont été principalement construits en vue d'être utile aux classes pauvres de la société, qui sont fréquemment atteintes de diathèses qui exigent l'emploi d'agents thérapeutiques énergiques, capables de réveiller la vitalité des parties sur lesquelles ces diathèses portent leur action.

Cet établissement de bains renferme deux sources, distinguées en source ancienne ou tempérée, et en source nouvelle ou chaude.

La température de la 1re est de 32º.

Celle de la 2me de 43º 10 cent.

Elles charrient un peu de barégine, et offrent, à peu de chose près, les principes sulfureux dans les mêmes proportions que les eaux du Pré.

Ces deux sources sont reçues presque à leur point d'émergence dans de vastes bassins en pierre de taille, d'où elles passent : la chaude, dans deux belles piscines bien construites, où beaucoup de malades se rendent pour prendre des douches; l'autre, la tempérée, avec une partie de la chaude, dans quatre cabinets, qui ont de grandes baignoires en marbre bien poli.

ÉTABLISSEMENTS DE L'EST.

D'immenses travaux entrepris et heureusement exécutés dans la montagne dite des bains, durant les six derniers mois qui viennent de s'écouler (1), ont fait parfaitement capter les diverses sources qui se rendent dans ces établissements.

Aujourd'hui, ces sources sont bien distinctes les unes des autres. C'est en établissant deux larges et longues galeries, placées, pour ainsi dire, au-dessus l'une de l'autre, et des conduits séparés qui commencent aux griffons qui fournissent les eaux, qu'on les a menées à un bassin de distribution, d'où elles sont dirigées avec soin vers les divers édifices de ce groupe de l'Est.

Ces sources, au nombre de 7, sortent avec force des roches primitives : elles ont des températures différentes : il y en a de très chaudes, de tempérées, et de presque froides. Six sont de nature sulfureuse et offrent toutes les caractères des eaux de cette espèce.

Je chercherai à en apprécier plus tard toutes les qualités :

Une de ces sources serait de nature saline, à ce qu'on dit : son griffon est placé au fond de la galerie supérieure, entre deux sources sulfureuses ayant l'une 33 et l'autre 44 degrés centigrades de température. Elle est conduite, au moyen de deux tuyaux métalliques, au Vieux-Pause, pour le service d'une buvette.

Cette eau, dite saline, offre au griffon une température de 25 degrés centigrades, et à la buvette de 30. Cette différence ne peut s'expliquer qu'en disant que, dans son parcours, depuis son point d'émergence jusqu'au robinet de la buvette, elle a reçu des autres sources, suivant la même galerie, les cinq degrés en plus qu'elle présente à la buvette.

Ces sources, parfaitement aménagées, proviennent toutes de la galerie supérieure, à l'exception de celle qui se rend à l'établissement de Bruzaud, qui a son point d'émergence tout près du bassin de distribution qui se trouve dans la galerie inférieure. Elles parviennent dans les divers édifices qui les reçoivent, sans qu'elles puissent subir les altérations qu'elles devaient nécessairement éprouver avant les travaux qui viennent

1) J'ai visité avec soin tous ces travaux le 14 juin 1853.

d'être exécutés. Il serait à souhaiter que d'habiles chimistes entreprissent aujourd'hui l'analyse de toutes ces sources, afin de déterminer rigoureusement le nombre, la nature de leurs principes minéralisateurs, l'ordre de leur importance, et, enfin, la quantité de chacun d'eux, dans un volume d'eau déterminé par avance.

Les établissements qui doivent actuellement recevoir les eaux dont je viens de m'occuper, sont tous sur le versant de la montagne dite des Bains.

A une grande hauteur, au-dessus de Cauterets, se trouvent : 1º Pause-Vieux ; 2º Pause-Nouveau, appartenant à la famille Manuguet ; 3º Pause-Nouveau, que la vallée de St-Savin vient de faire construire cette année.

Sur le bas de la montagne, et attenant aux maisons de Cauterets, l'on trouve les grands thermes et les bains de Bruzaud.

PAUSE-VIEUX.

L'édifice de Pause-Vieux, qui, jusqu'à cette année, avait servi à utiliser les sources de César et de Pause, qui s'y rendaient, sera réservé jusqu'à nouvelle destination à l'usage des buvettes de l'eau saline, de César et au remplissage des bouteilles.

Au fond d'un grand vestibule, se trouvent trois robinets fixés dans un mur, et sur la même ligne.

Celui de gauche est le robinet de l'eau saline, dont j'ai fait connaître plus haut la température ; les deux autres appartiennent à la source de César. L'eau du robinet du milieu a 49 degrés centigrades de température, et celle du robinet de droite, destiné au remplissage des bouteilles, 50 degrés. Cette petite différence dans le calorique de l'eau des deux robinets, provenant de la même source, doit probablement tenir à ce qu'elle se rend directement et abondamment vers le robinet de droite, et qu'elle n'arrive au robinet du milieu qu'en plus petite quantité, et en parcourant un assez fort trajet le long du mur du fond du vestibule, contre lequel elle peut légèrement se refroidir.

PAUSE-NOUVEAU

APPARTENANT A LA VALLÉE.

Le Pause-Nouveau, bâti cette année à une assez grande distance du *Vieux*, d'une manière fort solide et en même temps élégante, est un édifice assez spacieux, de forme presque carrée : il possède 14 cabinets de bains dans deux desquels se trouvent des appareils pour toute espèce de douches.

Les eaux des sources de César-Vieux et de Pause-Vieux seront employées dans cet établissement, qui est construit pour remplacer Pause-Vieux, dont j'ai déjà parlé. Sur le devant de ces thermes se trouve une belle terrasse qui permettra aux baigneurs de se promener agréablement. Sur le derrière, sont de beaux bassins pouvant facilement recevoir l'eau provenant de toutes les sources de la galerie supérieure.

PAUSE-NOUVEAU.

MANUGUET.

A quelques mètres du Pause-Nouveau de la vallée, et dans la direction de l'est, se trouve le premier Pause-Nouveau, auquel je joindrai le mot Manuguet, pour le distinguer de celui de la vallée. Ce Pause, construit quelque temps après que la famille Manuguet eût vendu Pause-Vieux, est un bâtiment assez considérable, possédant une buvette et dix cabinets de bains, dont l'un d'eux est réservé pour les douches.

Privé de sa source par les fouilles qui ont été heureusement exécutées, il a reçu maintenant la part d'eau qui lui revenait dans la distribution générale qui en a été faite. Cette eau a, à la buvette, une température de 45° cent.

GRANDS-THERMES.

Un édifice immense, placé ou sud de Canterets, et auquel on aboutit en traversant une place assez spacieuse et en montant un bel escalier appartenant à cet édifice, est ce qu'on appelle les Grands-Thermes.

Dans ces beaux thermes sont reçues deux sources (1)

(1) Sources de César et des Espagnols.

portant des noms qui attestent leur antiquité, et les services qu'elles ont rendus durant une longue suite de siècles à l'humanité. Elles arrivent du haut de la montagne, et parviennent jusqu'aux bassins en pierre de taille établis autour des cabinets de bains, au moyen de deux conduits.

Un vaste péristyle existe dans ces thermes ; tout autour sont placés vingt-quatre cabinets qui formeraient un système complet de bains, si l'on avait voulu profiter de la position fort avantageuse de cet édifice pour la création d'étuves où la vapeur sulfureuse serait à chaque instant très utilement employée.

Sept cabinets de chaque côté du péristyle sont réservés pour l'usage des grandes et petites douches, froides et chaudes.

Les deux sources importantes qui font fonctionner cet établissement ont une température de 42° 50 cent.

BAINS DE BRUZAUD.

Non loin des Grands-Thermes, dans la direction de l'est, se trouvent les bains de Bruzaud, que la spirituelle princesse Marguerite, sœur de François Ier, avait appelés les bains d'Amour, bains d'Amour, parce qu'ils étaient à cette époque de fine et aimable galanterie, le lieu de rendez-vous de tout ce que la société française avait de plus élég. t et de plus courtois.

Ces bains, possédant une source excellente, ayant une température de 35° cent. et beaucoup de barégine, auraient besoin d'être reconstruits. Ils sont assez recherchés et le seraient bien davantage s'ils présentaient l'élégance et les commodités qu'offrent La Raillère et les Grands-Thermes.

L'établissement de Bruzaud a une buvette et seize cabinets, dont deux sont destinés à l'usage des douches ascendantes et descendantes.

BAINS DE RIEUMIZET.

Il faut, pour terminer l'énumération des nombreux établissements de Cauterets, que j'arrive à Rieumizet, et à des bains de santé fondés par M. Pradet dans son hôtel.

Rieumizet, que l'on aperçoit seul au milieu de fraîches prairies, à une assez forte distance de Bruzaud et vers l'est, possède une source légèrement sulfureuse, dont on est obligé de faire chauffer l'eau pour l'usage des bains. Cette source n'a qu'une température de 22 degrés centigrades.

Rieumizet, charmant petit établissement, a quatorze baignoires dans onze cabinets.

BAINS DE SANTÉ DE PRADET.

M. Pradet, en créant des bains de santé à Cauterets, a fait une chose fort utile, dont tout le monde doit lui savoir un gré infini. Les bains de cette espèce sont souvent nécessaires pour faire tomber l'excitation produite chez quelques baigneurs par l'usage des eaux sulfureuses, et souvent pour préparer les malades à l'action du traitement thermal.

Étude et classification des maladies curables par les eaux de Cauterets.

Après l'énumération assez rapide que je viens de faire des établissements thermaux de Cauterets, et les quelques aperçus que j'ai jetés, chemin faisant, sur les vertus curatives de leurs eaux, je vais classer, suivant les principes de la méthode nosologique, les nombreuses maladies qui, chaque année, sont traitées à Cauterets.

Cette méthode est préférable à toutes les autres méthodes connues; elle permet : 1º de diviser les maladies en un petit nombre de classes, et celle-ci en ordres ou en genres renfermant un certain nombre d'espèces ; 2º de réunir dans un même groupe, de confondre dans des considérations communes, des affections semblables, congénères et de les séparer d'affections qui n'ont avec elles aucun rapport. Le travail que j'entreprends me permettra de m'occuper attentivement de la pathogénie des maladies observées tous les ans dans les grands thermes de Cauterets.

L'étude que j'ai pu faire, durant plusieurs années, des affections qui se sont présentées à mon observation me permet de les ranger en neuf classes :

1re CLASSE.

Dans la 1re classe, sous la dénomination de fièvres, je ne ferai entrer que quelques cas de fièvres intermittentes et hectiques.

2e CLASSE.

Dans la 2e classe, toutes les maladies constituées par la diminution de tous les principes plastiques et excitants du sang, avec augmentation souvent de toutes ses parties séreuses. A l'occasion des affections de cette classe, je parlerai de quelques dispositions à certaines congestions sanguines locales, se renouvelant fréquemment chez quelques personnes, et faciles à détruire par l'usage de l'eau sulfureuse, employée de manière à rendre plus grande la résistance des capillaires des organes atteints.

3e CLASSE.

Dans la 3e classe, je rangerai : A, presque toutes les inflammations chroniques des muqueuses et de quelques organes qui sont en rapport de contiguïté avec elles.

Je prouverai par des faits nombreux, concernant surtout les maladies des voies aériennes, dont sont souvent atteintes les personnes qui, par profession, sont obligées d'abuser des organes de la respiration, toute la puissance curative des sources de Cauterets, employées suivant les méthodes rationnelles que j'ai établies, et qui m'ont jusqu'ici fourni d'excellents résultats;

B, les phlegmasies chroniques de quelques séreuses;

C, certaines inflammations vésiculeuses, bulleuses et pustuleuses de la peau.

4e CLASSE.

Dans la 4e classe seront placées quelques sécrétions morbides, qui me permettront d'établir le diagnostic différentiel d'affections que l'on confond assez facilement dans la pratique ordinaire, qui sont de nature bien différente, et doivent être parfaitement déterminées par le médecin, lorsqu'il veut, ne pouvant les guérir par les moyens ordinaires à sa disposition, avoir recours au traitement thermal. De ces affections, les unes s'aggravent toujours sous l'action de l'au sulfureuse, et arrivent promptement à une terminaison funeste, tandis que les autres diminuent rapidement d'intensité, et, si elles ne disparaissent pas entièrement, deviennent toujours très supportables, et permettent aux personnes qui en sont prises de passer parfaitement les temps les plus rudes de l'année.

5e CLASSE.

Dans la 5e classe, quelques phénomènes morbides, appartenant à l'infection générale de l'économie, produite par des virus, tels que le syphilitique, morveux et pharcineux, etc.; etc.; seront notés comme pouvant être détruits par l'usage prolongé des eaux sulfureuses, ainsi que quelques accidents de la pellagre, maladie si fréquente dans bien des pays, et qui n'avait, jusqu'à ces dernieres années, que bien faiblement fixé l'attention des médecins.

6e CLASSE.

Dans la 6e classe, comprenant quelques lésions de la nutrition, j'enregistrerai le goître; une grande disposition au ramollissement de beaucoup de parties molles, chez les individus se trouvant dans des conditions de santé particulières, le ramollissement des os, rachitisme et ostéomalaxie, qu'il ne faut pas confondre l'une avec l'autre, parce qu'il existe entre eux de grandes différences sous bien des rapports.

Il sera très important de bien étudier l'action des eaux thermales surfureuses, sur la marche du rachitisme, si commun aujourd'hui dans les classes inférieures de la société, où sous l'influence de l'hérédité, et des autres causes qui le produisent facilement, il donne naissance à une foule de phénomènes morbides, dont il est très nécessaire de bien apprécier la nature et les résultats, afin de pouvoir toujours rationnellement établir les traitements curatif et profilactique.

A l'occasion de cette maladie de l'enfance, je m'occuperai d'une manière toute spéciale de la diathèse

scrofuleuse et du rôle qu'elle joue dans le développement d'un grand nombre de maladies comme le carreau,
la phthisie pulmonaire, etc., etc., qui surgissent ordinairement à des époques où il est bien difficile, pour ne
pas dire impossible, de les détruire, et de sauver les
individus qui en sont atteints, lorsqu'il eût été possible
d'en prévenir le développement en combattant le vice
constitutionnel qui les fait naître, et aussitôt que sa présence se manifeste dans les premières années de l'enfance, souvent par de ces riens, qui sont cependant des
indices redoutables, qui devraient donner l'alarme aux
praticiens éclairés, et les déterminer à entreprendre des
traitements appropriés à la nature de la diathèse, et à
les poursuivre avec une persévérance opiniâtre, dans
l'intérêt des jeunes malades, qui seraient plus tard victi-
mes d'une négligence bien coupable.

Les idées que j'émets ici me sont suggérées par l'étude
des maladies de l'enfance, que j'ai été à portée de faire
sur une assez vaste échelle, depuis une vingtaine d'années. Attaché comme médecin à un établissement d'éducation, qui a ordinairement plus de trois cents élèves,
appartenant à toutes les classes de la société, j'ai pu
suivre la marche de la diathèse scrofuleuse, la voir sous
toutes les formes, et y trouver la pathogénie d'affections
enlevant aux familles leurs enfants, alors que, par des
soins attentifs et donnés à temps, l'on pourrait détruire
les germes de toutes ces affections, et former ainsi de
vigoureuses générations.

Le traitement thermal sulfureux est dans ces circonstances un très puissant auxiliaire des traitements ordinaires, auxquels il faut d'abord avoir recours. Il ne faut
plus oublier que l'eau sulfureuse contient de l'iode en
assez grande quantité, et que l'iode et le principe sulfureux réunis dans l'eau thermale, forment un agent thérapeutique puissant, facile à employer, et pouvant précisé-
ment, à cause de cela, rendre de grands services.

Les faits nombreux que j'ai recueillis sur l'efficacité
des eaux sulfureuses de Cauterets, dans la curation des
affections strumeuses, me font dire qu'elles ne sont pas
assez utilisées sous ce rapport, et que dans les établisse-

ments thermaux des Pyrénées, l'on ne voit pas chaque année ces nombreuses générations d'enfants scrofuleux que l'on devrait y rencontrer.

7e CLASSE.

Dans la 7e classe de maladies, je placerai quelques produits accidentels, étrangers à l'organisme, et déterminerai, en m'appuyant sur les faits, qu'elle est la valeur des eaux sulfureuses dans cette classe d'affections.

8e CLASSE.

La 8e classe, comprenant les *névroses,* m'ouvrira un vaste champ, où probablement je demeurerai longtemps occupé à suivre les maladies si nombreuses et si variées qu'il offre toujours aux investigations du médecin. Ici, la puissance de l'eau sulfureuse, alors surtout qu'il est possible d'en varier l'usage, apparaîtra dans tout son éclat. C'est ici que le praticien sachant habilement employer ce puissant moyen de guérison, rendra d'immenses services à l'humanité.

Que de malades retourneront pleins de santé au foyer domestique qu'ils avaient quitté, croyant peut-être ne plus le revoir.

9e CLASSE.

La 9e classe de maladies, qui sera ma dernière, me permettra de m'occuper de quelques affections bien redoutables, telles que le diabétès, la maladie de bright, les rhumatismes chroniques ; enfin, de quelques autres affections spéciales aux organes génitaux et à la peau.

Dans cette classe de maladies, l'action de l'eau sulfureuse ne sera pas moins grande que dans la précédente. Sa juste appréciation dans le traitement des affections que je comprendrai dans la classification que je viens d'établir, fera le sujet des lettres qui suivront celle-ci.

TARBES. — TH. TELMON, IMPRIMEUR DE LA PRÉFECTURE.

www.ingramcontent.com/pod-product-compliance
Lightning Source LLC
Chambersburg PA
CBHW070747220326
41520CB00052B/3095